AF582162

ASSOLEMENTS

OU

COMPOSITION DE LA CULTURE

EN PROPORTION DES RESSOURCES

Pour tirer de la terre le plus grand produit, chaque année, aux moindres frais possibles.

PLAN GÉNÉRAL. — APPLICATION

SAINT-MALO

IMPRIMERIE D'EMILE RENAULT, RUE DE DINAN, 18

—

1868

Depuis le temps qu'on écrit sur l'agriculture, il paraît bien difficile de faire quelque chose de neuf ; cependant, nous croyons y avoir réussi par un système de culture complet, qui mène droit au but, par sa démonstration rigoureuse, et par son entière généralité.

Mais comment serait-il général, les récoltes ou la culture ne peuvent être les mêmes partout ? Sans aucun doute, mais elle a des nécessités générales, qui sont les mêmes partout, par exemple, le fumier ou les blés et les fourrages ; si donc nous pouvons démontrer et régler, par des raisons certaines, les quantités de ces deux récoltes, nous ferons un travail général, bon partout, et qui sera capable de causer le progrès ; car il règlera l'assolement ou la composition de la culture qui est, sans contredit, la partie défectueuse et cependant la plus importante.

COMPOSITION DE LA CULTURE

La première chose à faire, c'est de connaître bien clairement le but à atteindre; voyons donc tout d'abord quel est celui de la culture : *C'est de tirer de la terre le plus grand produit possible, chaque année, aux moindres frais possibles, en proportion des ressources.*

Cette définition est complète, on ne peut demander

davantage ; il faut donc que la culture accomplisse par sa composition, autant que celle-ci le comporte, toutes ces conditions.

Mais la question ainsi posée dans toute sa généralité, peut-elle avoir une solution directe ? non ; car la culture doit subir autant de différences qu'il peut y avoir de variations dans les quantités des ressources. Alors agissons par comparaison.

Formons, avec une certitude incontestable, la culture qui accomplit au suprême degré tout ce que nous pouvons désirer, et prenons-la pour modèle : c'est le meilleur point de comparaison, et nous pourrons établir la culture dans ce cas, par ce qu'il est bien déterminé.

Supposons donc que le produit soit, chaque année, le plus grand possible d'une manière absolue, tel que celui de nulle autre culture ne pourra même l'égaler. Alors il ne peut ni augmenter, ni diminuer, il est fixe, constant, et la question que nous avons à résoudre présentement est donc : *Composer la culture qui tire de la terre le plus grand produit possible, constamment, aux moindres frais possibles.*

Pour bien apercevoir les conséquences qui résultent de ces conditions, examinons chacune d'elles séparément.

Le plus grand produit possible. — Le produit ne peut jamais être que proportionnel aux ressources, il faut donc qu'elles soient les plus grandes possible, ou que la culture produise le plus possible de fumier qui est le producteur par excellence et indispensable.

Mais, dirait-on, si nous achetions du fumier, la culture ne serait pas obligée d'en produire autant.

Il est constant que le fumier qu'on produit, et qui se trouve tout rendu sur l'exploitation, coûte moins cher que celui qu'on achète ; alors, si nous achetons du fumier, nous y trouverons un bénéfice, sans doute, mais celui-là n'empêchera pas l'autre que nous avons à le produire : pour ne pas perdre sur la somme des bénéfices, la culture doit donc produire le plus de fumier possible, ou contenir le plus de blés et de fourrages qui, en définitive, sont les deux éléments du fumier ; et nous ne pouvons négliger aucune partie de l'un d'eux, sans quoi la masse des ressources serait diminuée.

Mais toute culture qui produira ou consommera plus de fumier, donnera-t-elle toujours un produit plus grand ?

Non ; car l'expérience prouve que les récoltes n'absorbent pas, toutes, les mêmes principes de la terre et du fumier : alors si nous choisissons celles qui se succèdent, de manière que chacune d'elles soit propre, par sa nature différente, à être suivie de l'autre, la culture donnera un produit plus grand avec une même quantité de fumier ; car chacune d'elles sera suivie d'une ou plusieurs autres aussi riches ou presque aussi riches, avec le même fumier qui a déjà produit la première : on obtient ainsi le colza suivi du froment, l'un et l'autre sans fumier, après des betteraves.

Nous voyons donc que si le fumier est la base, le nerf et la chose essentielle de la culture, combien aussi le choix des récoltes, leur succession, et l'application du fumier influent sur son produit.

Le plus grand produit possible constamment. — Rappelons-nous que toute autre culture ne peut donner un produit même égal ; il faut donc, pour le donner constamment, que celle-ci soit toujours la même, qu'elle puisse se répéter chaque année, en un mot qu'elle soit constante.

Dans une culture constante, il faut : 1° que les récoltes soient toujours les mêmes ; 2° que la quantité de chacune d'elles soit toujours la même ; 3° qu'elles se succèdent toujours dans le même ordre. Sans cela, la culture ne serait pas toujours la même.

Pour avoir une idée bien nette d'une culture constante, formons-en un tableau.

Soient *a*, *b*, *c*, ***d*** quatre récoltes composant une culture constante ; *b* doit toujours succéder à *a*, *c* à *b*, *d* à *c*, et *a* à *d*. Nous aurons donc :

1re Année.	*a*	*b*	*c*	*d*
2e Année.	*b*	*c*	*d*	*a*
3e Année.	*c*	*d*	*a*	*b*
4e Année.	*d*	*a*	*b*	*c*

Si nous continuions de la même manière, nous retrouverions la première année *a*, *b*, *c*, *d*, et, par conséquent, une suite de tableaux tous pareils à celui-ci; il représente donc bien tous les états de la culture, par rapport au terrain total et à chacune de ses parties.

En l'observant par lignes horizontales qui nous montrent l'emploi du terrain chaque année, et par lignes verticales qui nous montrent la succession des récoltes dans chacune des parties, nous voyons que chacune des lignes horizontales a sa pareille exactement dans les verticales ; nous pouvons donc dire qu'une culture constante est formée d'un ensemble de successions toutes pareilles entre elles et à elle-même.

Considérer la culture d'une année, ou la succession des récoltes qui la composent, est donc exactement la même chose, et ce qui arrive dans l'une est vrai pour l'autre.

Ce tableau nous montre encore que :

1° Une culture constante ne peut être composée que de récoltes annuelles.

Si *d*, par exemple, succédait à *d* l'année suivante, il faudrait, pour que l'ordre de succession fût toujours le même, que les récoltes restâssent toutes toujours à la même place.

2° Les quantités de toutes les récoltes doivent être égales entre elles.

b, par exemple, occupe alternativement la place de chacune des autres ; pour que sa quantité reste toujours la même, il faut donc que celles de toutes soient égales entre elles.

Cette condition est suffisante ; car si on remplace la

première récolte par la seconde, la seconde par la troisième, ainsi de suite, et la dernière par la première, elles seront toujours les mêmes, en même quantité, et se succéderont dans le même ordre.

Observation. — Cependant, il n'est pas nécessaire que les quantités des récoltes soient égales entre elles d'une manière absolue; si elles étaient toutes multiples d'une même quantité, et pourvu qu'aucune d'elles ne dépassât la moitié du terrain, la culture n'en serait pas moins constante.

C'est qu'alors elles peuvent toutes se décomposer en parties égales à ce nombre dont elles sont multiples, c'est évident; et on peut les ranger dans un ordre constant, sans que jamais aucune d'elles soit suivie par une autre de même espèce.

Si la quantité d'une récolte était égale à la moitié du terrain, en les décomposant toutes en parties égales à celle dont elles sont multiples, le nombre des autres différentes en espèce serait précisément le même que celui dans lequel on a décomposé celle-ci; alors on pourra toujours placer chacune d'elles entre deux autres.

Cela aura lieu, à plus forte raison, si aucune des quantités n'est égale à la moitié du terrain.

Pour voir que la quantité d'aucune récolte ne peut dépasser la moitié du terrain, il suffit de prendre un exemple, soit la culture 1/3 colza, 2/3 froment. En la décomposant en parties égales, nous aurions la succession 1/3 froment, 1/3 colza, 1/3 froment; mais, l'année suivante, elle serait 1/3 colza, 1/3 froment, 1/3 froment. Il faudrait que les deux 1/3 froment se succèdent immédiatement, et d'ailleurs l'ordre de succession ne serait plus le même.

Ainsi, dans une culture constante, la plus grande quantité qu'on puisse faire en une récolte quelconque, c'est la moitié du terrain.

Il faut que les quantités des récoltes soient toutes multiples d'un même nombre ; sans cela, elles ne pourraient se décomposer en parties égales, condition essentielle d'une culture constante.

Nous dirons encore que si, dans une culture constante, la somme des quantités de plusieurs récoltes est égale à 1/2 du terrain, celles-là et toutes les autres sont multiples de 1/2.

La quantité qui les partage toutes doit partager aussi celles-là; mais, pour ces dernières, il faut qu'elle soit multiple de 1/2, donc toutes sont multiples de 1/2. En effet, quelle que soit la quantité dont ces dernières sont multiples, elle les décompose en parties égales à elle-même ; mais la somme de quantités toutes égales à une autre, c'est celle-ci multipliée par un nombre entier N; or, elle est égale à 1/2, par conséquent cette quantité qui les partage est 1/2 divisé par N ou $\frac{1}{2 \times N}$ ou $\frac{1}{2} \times \frac{1}{N}$. Donc toutes sont multiples de 1/2. Elles auront $2 \times N$ pour dénominateur commun, puisque toutes sont des multiples entiers de $\frac{1}{2 \times N}$.

Dans une culture constante, si les quantités de

plusieurs récoltes sont multiples de 1/2, leur somme est pareillement multiple de 1/2.

Elles sont toutes des fractions, elles ont pour dénominateur commun un nombre tel que $2 \times N$; par conséquent, leur somme qui est aussi une fraction, parce qu'elle est plus petite que 1 ou le terrain tout entier, aura le même dénominateur, ou est multiple de 1/2.

Le plus grand produit possible aux moindres frais possibles. — Ces frais sont de deux sortes, la main d'œuvre et le fumier. Mais, sans entrer dans aucune autre considération, disons seulement que pour tirer de la terre le plus grand produit possible aux moindres frais possibles, la culture doit tirer du fumier le plus grand produit possible.

Le fumier qui fait la grande partie des frais, est en même temps notre principal agent producteur ; alors si nous en perdons quelque chose, nous perdons aussi sur le produit, et nous en obtiendrions un qui serait égal ou supérieur, avec moins de fumier ou de frais.

Maintenant, trouvons la composition de la culture qui accomplit toutes ces conditions nécessaires et incontestables, sans nous occuper des autres qui peuvent exister.

La condition la plus importante est de tirer de la terre le plus grand produit possible constamment, et pour cela, la culture doit être constante, et produire le plus de blés et de fourrages possible. Mais laquelle de ces deux espèces de récolte doit, par préférence, occuper la plus grande partie du terrain ? évidemment la plus riche et la plus précieuse, les blés. Déterminons leur quantité.

L'expérience prouve que deux blés, de quelque espèce qu'ils soient, ne peuvent bien se succéder; ils sont donc tous pris ensemble, par rapport à la succession tout entière, comme s'ils ne formaient qu'une seule et même récolte. Mais, dans une culture constante, précisément à cause de la succession qui serait impossible, ou au moins mauvaise dans le cas actuel, la quantité la plus grande qu'on puisse faire en une récolte quelconque, c'est la moitié du terrain ; par conséquent celle la plus grande des blés est la même. Soit donc 1/2 blés.

Voyons maintenant la quantité des fourrages.

Elle doit être la plus grande possible, mais ils ne pourront pas occuper entièrement l'autre moitié du terrain, parce que notre culture pour être aux moindres frais possibles, doit tirer du fumier le plus grand produit possible, et il est clair que nous ne pourrions le faire avec de telles quantités de ces deux seules récoltes; elles produiraient une masse énorme de fumier, l'une d'elles n'en demande que peu ou point, et l'autre ne serait pas capable d'en supporter autant. Enfin, quelle sera cette quantité?

La somme des blés étant égale à 1/2, la quantité de toutes les récoltes, et par conséquent celle de chacun des fourrages, est multiple de 1/2 ; alors leur somme l'est pareillement : elle est donc égale à un certain nombre N multiplié par 1/2, et nous aurons l'égalité $S = N \times \frac{1}{2}$. Mais N sera une fraction, parce que la somme des fourrages doit être plus petite que 1/2, et que $1/2 \times 1 = 1/2$. Faisons donc $N = \frac{a}{b}$, a et b étant alors des nombres entiers, et nous aurons $S = \frac{a}{b} \times \frac{1}{2}$. Plus b sera petit, mais entier et plus grand que 1, plus S sera grande, et si pour avoir la quantité des fourrages la plus grande, nous faisons $b = 2$, la somme ci-dessus devient $S = \frac{a}{2} \times \frac{1}{2}$. D'autre part, pour qu'elle soit plus petite que 1/2, il faut que a, qui doit être un nombre entier, soit plus petit que 2 ou égal à 1. La plus grande somme des fourrages plus petite que 1/2 est donc $\frac{1}{2} \times \frac{1}{2}$ ou le quart du terrain.

Notre culture sera donc composée, chaque année, de deux 1/4 en blés, de 1/4 en fourrages, et d'un autre 1/4 qui sera formé des récoltes les plus riches possible, mais autres que des blés et des fourrages.

Réglons leur succession. Les deux 1/4 du terrain sont en blés, chaque année, et ils ne peuvent se succéder ; il faut donc nécessairement que l'un de ces 1/4 blés succède au 1/4 fourrages, et l'autre 1/4 blés au 1/4 restant.

La composition de la culture et l'ordre de succession des récoltes sont donc 1/4 T, 1/4 blés, 1/4 fourrages, 1/4 blés.

Mais ce modèle contient-il toutes les conditions de la culture que nous demandons ? oui ; d'abord, pour le former nous avons tenu compte de toutes les conditions ci-dessus ; et il est clair qu'il n'est pas possible d'en former un autre qui les accomplisse ; il faut donc nécessairement qu'il renferme aussi les autres, sans exception.

Cette composition est donc bien certaine, irréprochable, servons-nous-en pour régler celle de la culture en proportion des ressources.

Si nous comparons cette question avec la précédente, nous voyons qu'elles sont identiques en tous points : elles diffèrent, en apparence, par la condition « en proportion des ressources » que l'autre ne contient point ostensiblement ; mais jamais le produit, quel qu'il soit, ne peut être qu'en proportion des ressources, et c'est précisément en tenant compte de cette nécessité évidente, que nous avons obtenu nos premières conditions; nous avons donc cherché le produit en proportion des ressources. Au reste, pour voir plus clairement encore cette identité, considérons une année de la culture en proportion des ressources. Si les ressources restaient toujours les mêmes, le produit ne pourrait pas augmenter, et il ne doit évidemment pas diminuer; alors il doit être constant et le plus grand possible. La question à résoudre est donc, pour chaque année, la même que ci-dessus ; la réponse est la même.

Donc, pour tirer de la terre le plus grand produit possible, chaque année, aux moindres frais possibles, en proportion des ressources, la culture doit être composée, chaque année, d'abord de 2/4 en blés, et de

1/4 en fourrages, puis d'un autre 1/4 qui sera formé des récoltes les plus riches par rapport aux ressources qui resteront, mais autres que des blés et des fourrages. La seule différence avec le cas précédent, c'est que les récoltes seront moins riches.

Nous ne pouvons indiquer d'autres conditions pour elles ; leurs espèces dépendent des ressources qui sont trop variables, et elles changent aussi selon les industries locales, la nature du sol et même les prix courants.

Nous comprenons bien qu'on excepte les blés de la première partie, mais pourquoi les fourrages ; ils sont une récolte des plus améliorantes ? au point de vue du produit de la terre, nous ne le pouvons, mais si nous voulons accroître plus rapidement nos ressources, sans tenir compte du plus grand produit de chaque année, ou s'il nous plaît de spéculer sur les bestiaux, rien ne s'oppose à ce que les fourrages n'y entrent, ils ne précèderont pas immédiatement les autres.

Il est évident que la composition de la culture étant la même que ci-dessus, la succession des récoltes sera la même.

Il est une question qui ne fait pas partie directement de la composition de la culture, mais que l'on ne peut en séparer, et qui n'est pas moins importante : *Comment le fumier doit-il être employé?*

La composition de la culture est toujours la même, non pas dans l'espèce mais dans le genre des récoltes, et l'ordre de leur succession est toujours le même ; de plus, aucune parcelle du produit possible d'une année ne peut être reportée sur la suivante; tout est donc chaque année comme dans une culture constante ; par conséquent le fumier doit être appliqué comme dans celle-ci, et il suffit de considérer la succession des récoltes.

Nous avons dit : pour tirer de la terre le plus grand produit possible aux moindres frais possibles, la culture doit tirer chaque année du fumier le plus grand produit possible : mais si nous en appliquions à la dernière récolte de l'année ou de la succession correspondante, qui est composée des mêmes récoltes, nous serions certains de ne pas en tirer tout le produit possible dans cette année ; cette récolte n'absorberait que les principes qui lui sont propres, et le reste serait évidemment perdu pour la succession : or ce qui arrive dans l'une est vrai pour l'autre. Par deux récoltes, le pourrions-nous ? non, certainement quand l'une d'elles est un fourrage, et par deux autres, c'est peu probable; il faudrait qu'elles soient trop bien choisies. Alors le fumier ne peut être appliqué qu'entre les deux premières parties. Mais faut-il en mettre à la seconde, ou plutôt que faudrait-il pour que cela ne fût pas nécessaire? que la première eût déjà reçu assez de fumier pour être suivie des trois autres, et qu'elles soient bien assurées, sans en remettre. Ceci supposerait que toutes les récoltes de la première partie fussent très-riches et les ressources très-considérables ; enfin la seconde peut parfois ne pas en recevoir. Dans le cas contraire, si nos ressources sont très-petites, c'est la première qui pourrait ne pas en recevoir, et n'être qu'un guéret blanc ; car la condition principale et qui doit exister avant tout, c'est de produire les blés et les fourrages, et il faut déjà beaucoup de fumier pour le premier 1/4 blés. Donc, en général, le fumier doit être appliqué entre les deux premières parties seules, mais l'une ou l'autre peut ne pas en recevoir.

Le plan général de la culture en proportion des ressources, en tenant compte de l'application du fumier, est donc 1/4 Fumé, 1/4 Blés fumés, 1/4 Fourrages, 1/4 Blés.

Il est complet, certain, l'assolement, et tout y est réglé autant qu'il est possible de l'être ; c'est à nous de l'appliquer convenablement, c'est-à-dire de choisir les blés, les fourrages et les récoltes de l'autre partie, au mieux de nos intérêts par rapport à nos ressources, choses que l'expérience et notre coup d'œil seuls, et pas autrement, pourront nous apprendre.

Mais, pourrait-on dire, ce système n'est possible qu'autant que les fourrages seraient comme le trèfle, par exemple, propres à faire du foin sec; sans cela, que ferions-nous d'un quart de nos terres labourables en autres fourrages, nous ne pourrions les consommer en vert, et nous n'aurions point de provisions pour l'hiver.

Si notre terrain ne peut produire des fourrages de cette sorte, notre exploitation fournira à ce besoin de foin sec, en dehors de la culture, comme elle satisfait à celui du bois de chauffage, par exemple, et nous mettrons de côté, pour ainsi dire, une partie suffisante de notre terrain, qui sera consacrée aux prairies, luzernes ou autres fourrages de longue durée ; à cause de cela, ils ne dérangeront pas l'économie de notre système, et nous n'aurons à nous en occuper que pour les bien entretenir.

Alors comment traiterons-nous le reste du terrain qui forme la culture proprement dite ?

Par sa nature défavorable, il ne peut supporter toutes les conditions de la bonne culture ; éloignons-nous-en le moins possible, et nous serons assurés de faire encore pour le mieux. Nous mettrons donc en fourrages soit verts, soit secs, le plus que nous pourrons du 1/4 de ce terrain, et le reste de cette partie sera occupé par d'autres récoltes ; mais elles ne pourront être que peu riches, par ce que l'application du fumier est indépendante des fourrages, et qu'elles se trouveront comprises entre deux blés dont le premier seul peut en recevoir, et encore pas beaucoup, fût-il même du froment.

Quelles que soient les circonstances, nous avons un plan général où tout est réglé avec une certitude complète, ne le perdons jamais de vue, pour nous en approcher le plus possible.

APPLICATION DU PLAN GÉNÉRAL

Prenons les choses dans l'état où elles se rencontrent : notre terrain n'est pas libre, et notre culture est toute différente de notre modèle ; il faut donc, pour lui faire cette application, commencer par l'amener à la même forme.

Nous ne pouvons y arriver tout d'un coup, dans la même année, sans forcer notre culture, et sans dépenses considérables ; alors, tout en opérant le plus promptement, nous ne ferons, chaque année, que les changements aisément possibles.

Notre culture, une fois établie, marchera pour ainsi dire toute seule, à cause de sa régularité ; la difficulté consiste donc dans ce passage à cet assolement que nous devons suivre.

Nous en connaissons les conditions : nous devons, tout d'abord, disposer de nos ressources pour obtenir deux 1/4 du terrain en blés et 1/4 en fourrages ; mais les blés sont les plus précieux et les plus exigeants, occupons-nous-en premièrement.

Faisons attention que ces deux 1/4 blés sont dans des conditions bien différentes : l'un doit avoir déjà reçu par la récolte précédente, ou recevoir directement, assez de fumier pour être suivi de fourrages et ceux-ci par d'autres blés, sans qu'il soit besoin d'en remettre. Le second qui succède aux fourrages, ne doit pas recevoir de fumier, et n'est suivi d'aucune récolte sans qu'elle n'en reçoive, il suffit qu'il soit simplement bien assuré. Nous approcherons, chaque année, le plus que nous pourrons, de ces quantités et de ces conditions.

Pour bien suivre la succession des récoltes dans nos diverses opérations, supposons que le fourrage soit le trèfle qui se sème dans les blés. C'est, d'ailleurs, le cas le plus défavorable, car nous ne jouirons de ce fourrage que dans l'année suivante.

Nous commencerons par dresser le plus exactement possible l'état des terres de notre exploitation. Ensuite, nous ferons l'estimation de nos ressources ou des charretées de fumier dont nous pouvons disposer pour cette année.

Cela fait, nous chercherons le premier 1/4 blés, et nous y sèmerons du trèfle, désignons-le par 1/4 (blés fumés et trèfle). Nous le pourrons toujours tout entier; car, quelle que soit notre culture, 1/4 du terrain au moins ne sera pas en blés.

Pour l'obtenir du mieux possible, nous prendrons, pour les faire suivre par ces blés, d'abord les récoltes qui ont reçu assez de fumier pour que la succession voulue ait lieu tout entière, sans en remettre; ensuite, celles après lesquelles il ne faudrait en mettre que peu; afin que nous puissions tirer de cette grande quantité de fumier déjà employé et qui n'est plus à notre disposition, tout le produit possible, par l'ensemble des trois récoltes successives; par une raison semblable, celles après lesquelles il en faut beaucoup; puis celles après lesquelles il en faut ensuite le plus; parce que nous avons l'autre 1/4 en blés qui, eux, ne devraient pas en recevoir, ou, si nous y sommes forcés, nous ne leur en mettrons que le moins possible. Le fumier sera donc bien économisé.

Quant au second 1/4 blés, nous ne le pourrons

peut-être pas tout entier, ou il faudrait forcer notre culture en faisant blés sur blés ; alors nous en aurons naturellement après tous les fourrages, ce qui se fera presque toujours sans fumier, et, pour les autres, nous nous contenterons de les faire suivre ce qui restera de récoltes compôts à blés (pas au-dessus du 1/4 toutefois), et nous ne leur mettrons que le moins de fumier pour qu'ils soient assurés.

Quand nous ferons suivre les fourrages par des blés, nous y prendrons garde, de peur de manquer de foins secs ; nous ne disposerons que de ceux que nous pourrons remplacer par d'autres qui seraient consommés en vert.

Pour le 1/4 fourrages, il nous faudrait bien peu de fumier, et nous l'obtiendrions facilement tout entier en complétant la quantité de trèfle par d'autres fourrages après les blés ; mais il faudrait qu'ils fussent consommés en vert, et ce ne sera pas toujours possible.

Nous aurons donc, la première année, 1/4 (blés fumés et trèfle) tout entier, mais, peut-être, ni 1/4 blés sans fumier, ni 1/4 fourrages, en entier.

Ces trois parties obtenues le plus approchant possible, pour avoir la quatrième, nous ferons la somme des hectares employés, celle des charretées de fumier dépensées, nous les retrancherons des totalités correspondantes, et nous emploierons ce reste du terrain qui sera au moins égal au 1/4 du total, par des récoltes autres que les blés, et au mieux de nos intérêts par rapport au reste de nos ressources.

La seconde année, nous ferons un nouvel état de nos terres, celui-là sera exact, une nouvelle estimation de nos ressources, puis nous agirons comme dans la première, sans faire autre chose.

Nous aurons 1/4 (blés fumés et trèfle) tout entier ; 1/4 blés tout entier, parce que la moitié du terrain, au moins, n'était pas en blés ; mais ils ne seront pas tous sans fumier et ne succéderont pas tous à des fourrages. 1/4 trèfle succèdera naturellement, sans fumier, au 1/4 (blés fumés et trèfle), et le reste du terrain qui, lui aussi, sera juste égal au 1/4, nous le composerons comme ci-dessus.

La troisième année, nous ferons toujours la même chose, notre assolement se trouvera complètement établi, et nous n'aurons qu'à continuer toujours de la même manière.

En effet, nous trouverons 1/4 (blés fumés et trèfle) après le dernier 1/4 de l'année précédente, 1/4 trèfle après 1/4 (blés fumés et trèfle) toujours de l'année précédente, 1/4 blés, sans fumier cette fois, après 1/4 trèfle, et enfin le dernier 1/4 après le dernier 1/4 blés. Cette partie avec 1/4 (blés et trèfle) reçoivent seuls tout le fumier.

Nous aurons donc la succession régulière ou la culture 1/4 fumé, 1/4 blés fumés, 1/4 trèfle, 1/4 blés, composée comme notre modèle, et dans laquelle le fumier est appliqué entre les deux premières parties seules.

Le passage à cet assolement, fait avec méthode, est

donc simple, rapide, et s'opère sans secousse, et sans dépenses.

Cependant, ce système nous donne encore une facilité bien importante, et que nous apprécierons tout à l'heure, pour la composition de la culture, et pour la connaissance des quantités de fumier à mettre aux récoltes.

Dans les premières années, nous avons beaucoup de mal à trouver l'emploi de la dernière partie, qui contient les récoltes diverses, en proportion des ressources qui restent, quoiqu'elle ne soit qu'à peine le 1/4 du terrain ; et encore nous sommes bien embarrassés pour savoir quelles quantités de fumier nous devons mettre, dans chaque pièce de terre, à ces récoltes, aux blés, et aux autres. Mais il y a encore un autre malheur : si nous voulons changer, pour nos intérêts, la quantité ou l'espèce d'une seule récolte de la dernière partie, il faut la refaire en entier ; de même, si c'était dans les blés ou dans toute récolte qui reçoit du fumier. C'est à n'en plus finir, à renoncer à trouver l'emploi du terrain en proportion des ressources, à le chercher largement à peu près et le laisser tel quel, malgré la certitude de mal faire; d'autant plus que, par désir du gain, nous dépasserons, on peut dire toujours, nos ressources, et de là beaucoup de récoltes mauvaises ou inférieures.

Cependant, on tourne cette difficulté quand on peut acheter du fumier : on s'en sert pour compléter les ressources qui manquent, et, qu'elle soit bonne ou mauvaise, on rend la culture à peu près telle qu'on la désire. C'est ce que l'on fait assez souvent ; mais, pour cela, il faut de l'argent et du fumier lors et tant qu'on veut.

Une autre cause de nombreuses pertes, et que l'on ne sait éviter, c'est celle qui provient de l'impossibilité de connaître les quantités de fumier à mettre à chaque récolte, tant ces quantités sont différentes, même pour la même récolte : par exemple, après des blés noirs sans fumier, médiocrement, passablement, ou bien fumés, comme cela se rencontre plus ou moins sur toute ferme, quelles quantités de fumier faudra-t-il mettre au froment? et encore dans les diverses pièces de terre; car leur valeur et leur état ne sont pas les mêmes! mais cela dépend aussi des conditions que doivent remplir ces froments : s'ils doivent être suivis de telle ou telle récolte, et si de celles-là, les unes recevront du fumier et les autres point. Ce que nous disons pour le froment a lieu pour chacune des récoltes. Cependant si nous nous trompons dans ces quantités de fumier, soit en plus, soit en moins, nous sommes certains de perdre, et cela ne peut manquer d'arriver bien souvent, tant elles sont variables, et les pertes se multiplient.

Ces difficultés ou ces pertes ne proviennent donc point de notre système, jusqu'ici nous suivons la culture habituelle ; mais, comme nous opérons avec ordre, elles nous sautent aux yeux : au contraire, il les fait disparaître et voici comment :

Une fois qu'il est établi, il n'y a plus que deux parties consécutives à recevoir du fumier, les deux autres n'en reçoivent point. C'est déjà une grande simplification. Mais le quart qui contient les récoltes diverses, succède au 1/4 blés sans fumier après les fourrages de l'année précédente; de sorte qu'après eux, toutes les pièces de terre se trouvent dans le même état, à peu près épuisées. Alors il devient facile, avec un peu d'expérience, de savoir la quantité moyenne de fumier pour chacune de ses récoltes; d'ailleurs, dans chaque localité, elles sont peu nombreuses.

Mais cette connaissance pour cette partie, entraîne celle pour l'autre : cette dernière succède à la partie semblable de l'année précédente, elle ne contient que des blés, et nous emploierons rarement plus de deux ou trois espèces; alors rien de plus facile que de savoir combien il faut de charretées de fumier pour le froment ou l'orge ou l'avoine après un beau blé noir bien fumé. Après un beau colza.... Mais il n'est pas besoin d'en mettre aux blés après lui pour que la succession tout entière réussisse, s'il a été richement fumé ! Vous voyez donc que nous n'aurons à connaître les quantités de fumier qu'après les récoltes inférieures seules.

Ce système permet donc de connaître très-facilement les quantités de fumier à mettre aux récoltes et après les récoltes. Voilà la plus grande cause de perte vaincue.

Il nous reste à voir comment nous trouverons l'emploi de la dernière partie en proportion des ressources, et comment nous ferons toutes modifications que nous pourrons désirer dans notre culture; examinons d'abord la première question.

La quantité moyenne de fumier pour chaque récolte étant fixée, si ce 1/4 qui contient les récoltes diverses ne devait être occupé que par deux, il serait bien facile de trouver son emploi en proportion des ressources, et de le modifier à notre volonté; c'est à cela que nous allons réduire la question.

Supposons que ce 1/4 soit de 8 hectares, et qu'il doive être occupé par 4 récoltes : des betteraves à 32 charretées de fumier par hectare, des pommes de terre à 26, du colza à 24 et du blé noir à 10. Il s'agit de trouver l'emploi de ces 8 hectares par ces récoltes, et avec 153,40 petites charretées de fumier qui nous restent. Nous agirons d'abord pour une partie, d'après les probabilités, pour revenir ensuite avec certitude.

Nous commencerons par les récoltes dont il nous faut une quantité fixe, par exemple, les betteraves : soit 70 centiares, qui demandent 22,40 charretées de fumier.

Viendront ensuite, dans des quantités voulues ou probables, celles qui demandent immédiatement plus de fumier. Soit un hectare de pommes de terre à 26 charretées.

Nous garderons pour dernières, les deux récoltes qui demandent le moins de fumier, afin de remplir plus facilement le reste du terrain, et de n'avoir rien à changer, peut-être, dans notre emploi.

Pour trouver leurs quantités, nous ferons la somme des hectares employés, et celle des charretées dépensées, nous les retrancherons des totaux correspondants, et la question se réduit à trouver l'emploi par du colza et du blé noir, de 6,30 hectares avec 105 charretées de fumier.

Nous dirons : pour occuper les 6,30 hectares par du blé noir seul, il suffirait de 6,30 × 10 charretées, et nous en avons 105, différence 42 charretées ; mais aussi nous voulons du colza au lieu du blé noir, et la différence entre eux, pour les quantités de fumier par hectare, est de 14 charretées. Alors si nous divisons la différence 42 par l'autre 14, le résultat sera le nombre des hectares en colza. Nous trouvons 3. De là le nombre des hectares en blé noir est 6,30 moins 3 ou 3,30 hectares; l'emploi du terrain sera donc :

0,70	hect.	de betteraves	à 32	charr.	22,40	charr.
1	»	pommes de terre	à 26	»	26	»
3	»	colza	à 24	»	72	»
3,30	»	blé noir	à 10	»	33	»
8	hect.				153,40	charr.

Maintenant, examinons cet emploi, et s'il ne nous convient pas, il faut le modifier.

Nous voudrions, par exemple, 25 centiares de pommes de terre en moins et plus de colza.

Nous recommencerons comme tout-à-l'heure, en

tenant compte de la différence dans la quantité des pommes de terre, dans celle du fumier dépensé, et dans le nombre des hectares qui resteront.

0,70 hect.	de betteraves	à 32 charr.	22,40 charr.
0,75 »	pommes de terre	à 26 »	19,50 »
1,45 hect.			41,90 charr.

Il reste à trouver l'emploi de (8 moins 1,45) hectares avec (153,40 moins 41,90) charretées de fumier, par du colza et du blé noir.

Autre. — Dans le premier emploi nous voudrions 25 centiares de colza en plus, et, par conséquent, moins de blé noir ou moins de pommes de terre. Supposons que nous conservions les pommes de terre.

Nous observerons que 25 centiares de colza demandent plus de fumier que 25 centiares de blé noir; alors il faudra remplacer celui-ci par une récolte moins riche, par exemple, par du guéret.

Nous agirons toujours comme ci-dessus, en tenant compte des 3,25 hectares de colza au lieu de 3, et nous aurons à trouver l'emploi de 3,05 hectares avec 27,40 charretées de fumier, par du blé noir à 10 et du guéret à 0 charretées. Nous trouverons 2,70 blé noir et 0,35 guéret.

Si nous prenions ce colza sur les pommes de terre, nous tiendrions compte des 3,25 colza au lieu de 3, et nous chercherions l'emploi du reste du terrain par du blé noir et des pommes de terre.

Toutes les modifications que nous voudrons opérer

dans cette partie reviendront à l'une de celles-ci, et, quand nous aurons obtenu par le calcul l'emploi du terrain tel que nous le voulons, il sera très-facile de le reporter sur les pièces de terre.

Si nous voulions faire quelques changements dans nos blés, mais dans ceux qui reçoivent du fumier, les autres n'ont aucune influence, il faudrait trouver un emploi tout nouveau de cette partie ; mais c'est trop vite fait pour que nous hésitions, si peu que nous y trouvions d'intérêt.

La pratique de ce système est donc non-seulement bonne, mais on ne peut plus facile.

Examinons maintenant combien cet ouvrage peut être utile, ou quels sont ses effets.

Il démontre le genre des trois quarts des récoltes, et il laisse une autre partie à notre disposition pour, avec celles-là, agir en proportion des ressources ; il permet de déterminer les quantités de toutes les récoltes en ce rapport, et de plus il règle leur succession et l'application du fumier : de sorte qu'il ne laisse plus au laboureur qu'à faire pousser les récoltes, c'est-à-dire à connaître les préparations nécessaires par le labour, l'époque des semailles, et la quantité de fumier à mettre à chacune d'elles : les deux premiers points s'apprendront dans tous les livres d'agriculture; mais la dernière question qui est la plus importante et la plus difficile, et qui ne peut s'apprendre que par l'expérience, il la simplifie et la rend facile au suprême degré. Ce travail ne ferait-il que cela, qu'il serait déjà bon. Mais le système qu'il démontre s'applique partout où la terre peut produire des blés et des fourrages, c'est-à-dire partout où la culture est possible, et il en résulte un progrès continuel, inévitable, par elle-même et sans aller rien chercher en dehors : car, en résumé, nous disposons, chaque année, tout d'abord de nos ressources, afin de préparer les plus grandes possible pour la suivante, et aux moindres frais, en produisant les blés et les fourrages ; puis nous en tirons le plus grand produit, encore aux moindres frais, par l'application du fumier. Mais, puisqu'il en est ainsi avec les seules ressources de la culture, sans augmentation de dépenses, et que d'ailleurs il évite les causes ordinaires de perte, nous entrerons pauvres dans une ferme, et nous en sortirons riches.

Il détermine le nombre des bestiaux nécessaires, par la quantité des blés et des fourrages, ce qui est la seule manière rationnelle, et qui n'embarrassera personne.

Par sa régularité, il donne la connaissance aussi exacte que possible des frais généraux, et des dépenses voulues aux diverses époques, par les ouvriers, etc.

Par là surtout, il donne chaque année, et à l'avance, la connaissance à fort peu près exacte des ressources, et permet ainsi à chacun de bien raisonner sa culture, et de la combiner de manière que les époques des façons des récoltes soient en rapport avec celles des quantités de fumier disponibles. C'était la cause d'un grand préjudice; on se trouvait parfois forcé de maigrir les récoltes d'une saison.

Tous ces faits découlent naturellement de ce système; il est vrai qu'ils ne se produiront que lorsqu'il sera établi, et qu'il y a une certaine période de transition qui nous empêche de nous en servir dès le commencement de l'exploitation; mais est-ce un malheur reprochable de ne pouvoir passer d'un seul bond du mal au bien.

C. RAFFRON DE VAL

Saint-Malo. — E. Renault, imprimeur

www.ingramcontent.com/pod-product-compliance
Lightning Source LLC
LaVergne TN
LVHW050504160826
845677LV00003B/932

9782329650371